# 평양의 사계절

여름 · 가을

# 평양의 사계절
## 여름 · 가을

초판 1쇄 인쇄일 2016년 2월 27일
초판 1쇄 발행일 2016년 3월 1일

**지은이** 김민종
**펴낸이** 양옥매
**디자인** 이윤경
**교 정** 조준경

**펴낸곳** 도서출판 책과나무
**출판등록** 제2012-000376
**주소** 서울특별시 마포구 월드컵북로 44길 37 천지빌딩 3층
**대표전화** 02.372.1537 **팩스** 02.372.1538
**이메일** booknamu2007@naver.com
**홈페이지** www.booknamu.com
ISBN 979-11-5776-163-0(03980)

이 도서의 국립중앙도서관 출판시도서목록(CIP)은 서지정보유통지원 시스템
홈페이지(http://seoji.nl.go.kr)와 국가자료공동목록시스템
(http://www.nl.go.kr/kolisnet)에서 이용하실 수 있습니다.
(CIP제어번호 : CIP2016004653)

# 평양의 사계절
## 여름 · 가을

글 · 사진 김 민 종

책과나무

## 프레임 밖으로 나와서 보는 '진짜' 북한

재미있는 광고를 봤다. 한 남성이 강아지와 함께 차에 타 있다. 그리고 길거리에는 매력적인 여성이 강아지와 함께 지나간다. 차 안의 남성은 길거리의 여성을 쳐다보고, 차 안의 강아지는 여성이 데리고 다니는 강아지를 바라본다. 이 광고의 맹점은 우리는 우리가 '보고 싶은 것만 본다는 것'이다.

분단 이후 남북 간에 자유로운 왕래는 어려워졌지만, 그렇다고 해서 북한이 베일에 싸여있는 것도 아니다. 전 세계의 미디어에서는 연일 북한의 소식을 전하고 있고, 북한을 다녀간 사람들이 자신들이 보고 들은 것에 대해서 이야기한다. 그럼에도 불구하고 남한 국민에게 있어 북한은 매우 혼란스럽고 어려운 존재이다. 그것은 오늘날 남한에게 있어서 북한이 어떤 모습으로 비추어지고 있는지, 북한 문제가 쟁점에 오르게 되면 얼마나 극단적인 양상으로 의견이 분열되고 전개되는지 그 일변도를 보면 잘 알 수 있다.

우리가 북한 소식을 자주 접한다면 북한에 대해서 더 많은 것을 알 수는 있겠지만, 북한을 이해할 수 있는 것은 아니다. 북한을 이해하기 위해서는 우리도 한 번쯤은 그들의 입장과 처지가 되어서 생각해 볼 필요가 있다. 그렇게 기준점을 옮겨 본다면 오랜 분단으로 말미암아 우리와 다른 문화와 삶의 양식을 가진 북한 사람들의 모습을 조금은 이해할 수 있을 것이다. 그리고 남북 모두 마찬가지로 이러한 생각이 남북교류의 물꼬를 틀 수 있는 방향이라고 생각한다.

5·24조치로 인하여 교류의 문이 닫힌 지 벌써 5년이 지났다. 그러나 이러한 와중에도 남한을 제외한 외국인 및 해외동포들의 방문은 활발하게 이루어지고 있다. 이렇게 생각보다 많은 사람들이 북한을 다녀가고 있고 나 역시 해외동포로서 평양에 다녀왔다. 그리고 북한에 다녀오면서 찍은 사진들을 『평양의 사계절』시리즈로 발간하려고 한다. 그 시작은 '여름·가을편'이다.

그동안 나는 항상 어떻게 하면 사람들에게 좀 더 쉽게 북한을 이해시킬 수 있을까에 대해서 생각해 왔다. 그리고 미디어에서 심각하게 다루어지는 정치·군사적인 내용보다는 소소한 주민들의 발걸음이나 거리의 풍경들을 보면서 북한에는 우리와 같은 생김새를 하고 같은 말을 쓰는 2,500만여 명의 우리 민족이 우리들과 같은 시간에 생로병사와 희로애락을 겪으면서 살고 있음을 보여 주고 싶었다. 그리하여 우리가 바쁜 일상생활 속에서도 가끔은 우리 민족이 저 북녘에서도 살고 있음을 이따금씩 생각해 주었으면 한다.

우리 모두는 우리가 만든 프레임 속에서 세상을 본다. 아이는 아이의 눈으로, 노인은 노인의 눈으로, 중국 사람은 중국 사람의 눈으로……. 그러나 아이가 어른의 눈으로 세상을 보려고 할 때, 우리는 한층 더 성숙해지고 서로를 이해할 수 있는 문을 열게 된다. 즉, 우리 스스로가 만들어 놓은 '북한'이라는 프레임 밖으로 나와 북한을 보아야 한다는 것이다. 그것이 진짜 북한이다.

2016년 2월
오클랜드에서

· Contents ·

— ① —

평양의
여름

— ② —

# 평양의
가을

# 1

# 평양의
# 여름

# 평양개관

—

평양직할시는 한반도의 서북쪽에 위치한 북한의 수도이자 최대의 도시이다. 예로부터 우리나라의 중심지로 고구려의 수도였고, 고려 삼경 중 하나인 서경이었으며, 조선시대에는 평안도 감영소재지로 행정 중심지였다. '평양'이라는 지명은 '평평한 땅', '벌판의 땅'이라는 조선시대로부터 유래되었다. 또한 예로부터 수양버들이 많아 '류경'이라는 이름으로 불리기도 하였다. 특히 대성산, 용악산, 모란봉은 경치가 빼어나기로 유명하다.

광복 이후 1946년 9월 특별시로 승격되었고, 1952년 직할시로 변경되었다. 최근의 변화를 보면 2010년 평양직할시를 대동군과 강동군만 남기고 강남군, 중화군, 상원군, 승호구역을 황해북도로 편입시켜 축소 개편시켰다. 그러나 이듬해 2011년 다시 강남군을 평양직할시로 편입시켰다. 따라서 현재 평양시는 2개의 군(강동군, 강남군)과 18구역(대동강구역, 대성구역, 동대원구역, 락랑구역, 역포구역, 용성구역, 만경대구역, 모란봉구역, 보통강구역, 사동구역, 서성구역, 삼석구역, 선교구역, 순안구역, 은정구역, 중구역, 평천구역, 형제산구역)으로 이루어져 있다. 한편 인구는 약 250만여 명 정도이다.

연평균기온은 10.6℃, 연평균강수량은 967.8㎜이다. 봄은 3월 초순경에 시작하여 하루평균기온이 0℃ 이상 올라가고, 여름은 6월 초순~9월 초순으로 하루평균기온이 20℃ 이상이다. 가을은 9월 중순~11월 하순이며, 겨울의 경우 북서풍의 영향으로 날씨가 춥고 강수량이 적다.

평양 중심으로 대동강 하류가 흐르고 있고 길이가 5㎞ 이상의 하천이 69개나 된다. 따라서 이로 인하여 형성된 충적벌(강물에 의하여 밀려온 자갈·모래·진흙 따위가 강기슭에 쌓여 이루어진 벌판), 그리고 오랜 기간의 풍화 및 침식작용을 받아 형성된 낮은 산지로 이루어져 있다.

# 여정의 시작

—

　일반적으로 남한의 주민이 북한을 방문하기 위해서는 남한의 '남북 교류협력에 관한 법률'에 의거하여 대통령령으로 정하는 바에 따라 통일부장관의 방문승인을 받아야 하며, 통일부장관이 발급한 증명서(이하 '방문증명서'라 한다)를 소지하여야 한다. 그러나 일반 남한의 주민이 이러한 과정을 거치는 것이 어렵고 현재는 2010년 천안함 사건 이후에 단행한 5·24조치로 인하여 사실상 남한 주민의 북한 방문은 불가능한 상태이다.

　한편, 5·24조치는 다음과 같은 내용을 포함하고 있다.
  - 북한 선박의 남측 해역 운항 및 입항 금지
  - 남북 간 일반교역 및 물품 반·출입 금지
  - 우리 국민의 방북 불허 및 북한 주민과의 접촉 제한
  - 대북 신규투자 금지
  - 영유아 등 순수 인도적 지원을 제외한 대북 지원 사업의 원칙적
    보류 등

　예외적으로 외국에 거주하는 재외국민 자격이면 통일부에 북한방문신고서를 쓰고 갈 수 있다. 따라서 외국인들이나 해외동포들의 제3국을 통한 북한 방문은 여전히 활발히 이루어지고 있으며, 일반적으로 다음과 같은 일련의 절차를 밟아 북한에 방문한다.

먼저 사증(비자)을 받기위해서 해당 여행사 등에 사증신청서를 제출해야 한다. 사증자료에는 이름(단체인 경우 매 성원들의 이름), 성별, 태어난 날, 국적, 민족별, 직장 직위, 여권 종류와 번호, 입출국예정일, 운수수단, 사증을 받을 나라이름이 포함된다. 입국사증은 해당 나라에 주재하고 있는 북한의 외교대표부나 영사부, 관광사무소에서 받는다. 여기에는 증명사진 2매와 수수료를 낸다(수수료는 국가마다 다르다).

조선민주주의인민공화국 입국사증 신청서
朝鮮民主主義人民共和国入境申请书
APPLICATION FOR ISSUE OF VISA OF THE
DEMOCRATIC PEOPLE'S REPUBLIC OF KOREA

| 이름<br>性名<br>Name in full | | | |
| 성별<br>性別<br>Sex(M/F) | 생년월일<br>出生年月出日<br>Date of birth | | 년<br>월    일 |
| 국적<br>国籍<br>Citizenship | 민족별<br>民族<br>Nationality | | |
| 출생지<br>出生地<br>Place of Birth | | | |
| 현주소<br>現址<br>Presen Address | | | |
| 현직장 직위<br>現单位及职位<br>Current working place & position | | | |
| 려권종류와 번호<br>护照种类及号码<br>Number of passport | | 발급날자<br>签发日期<br>Date of issue | |
| 려권발급기관<br>护照签发机关<br>Authority of issue | | 발급장소<br>签发地点<br>Place of issue | |
| 방문목적<br>访问目的<br>Purpose of juorney | | | |
| 초청기관 및 초청자의 이름, 주소, 직장직위<br>邀请机构及邀请者的姓名，地址，单位及职位<br>Name, address, occupation of the invitor or inviting agency | | | |
| 입국예정일<br>入境日期<br>Date of entry | 출국예정일<br>出境日期<br>Date of exit | | |
| 동반자의 이름, 성별, 년령, 국적, 본인과의 관계<br>同伴者的姓名，性別，年龄和国籍，与本人关系<br>Name, age, sex, citizenship and relationship of the accompanying with you | | | |
| 조국을 방문한 일이 있는가?(언제 무슨 일로?)<br>您何时因何事到过朝鲜民主主义人民共和国<br>Democratic People's Republic of Korea(when & what for) | | | |
| 번화번호<br>电话号码<br>Tel: | | | |
| 신청자수표<br>申请人签字<br>Signature of application | | 날자<br>日期<br>Date: | |

입국사증신청서

# 고려항공

—

항공기에 오르면 승무원의 "안녕하십니까?"라는 말이 귀에 꽂힌다. 용모 단정한 고려항공의 승무원들은 여느 항공사와 같이 친절하다. 50여 분 정도의 짧은 거리라 기내식은 없었고, 서비스하는 음료 중에는 '탄산단물'이라고 있는데 우리가 흔히 먹는 '탄산음료'이다.

비행기 안에서는 평양으로 귀국하는 북한 사람들을 비롯해서 관광객으로 보이는 외국인들로 채워졌다. 만석은 아니었지만 때때로 단체 관광객이 많은 날에는 만석이 된다고 한다. 내 옆자리에 앉은 북한 청년은 점심식사를 못했는지 KFC 햄버거를 가지고 탔다. 그리고 나를 슬쩍 보더니 좀 드시겠냐고 묻는다. 나는 국수 한 그릇을 먹고 올라탔기 때문에 괜찮다고 대답했다. 그런데도 햄버거 반을 쪼개서 굳이 넘겨준다.

외국이었으면 보기 어려운 일이다. 굳이 자신의 음식은 주려고 하지도 않고 받으려 하지도 않는다. 이런 정은 아마도 우리 민족의 특성인 것 같다. 그렇게 햄버거를 먹다 보니 시간이 금방 지나갔다.

참고로 북한은 지난 2015년 8월 15일부터 표준시를 남한보다 약 30분 느린 '평양시간'을 도입하였다. 기존에 남북한이 공동으로 사용했던 표준시는 일제시대에 적용된 것으로, 민족의 자주권을 수호하기 위해서 변경한다는 것이 그 이유다. 따라서 서울이 11시 30분이라면 평양은 11시다. 평양에 도착하면 시간 조정을 해야 한다.

고려항공의 항공기

일반석 기내 방송

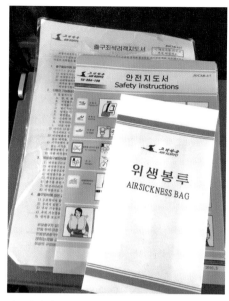

지도서 및 위생봉투

항공기 좌석 테이블에 씌여있는 문구

평양가는 고려항공 티켓

항공기에 탑승하는 승객들

## 고려항공 칠보산 호텔 지점

선양에 있는 칠보산 호텔에는 고려항공 지점이 있다.
온라인으로 티케팅을 할 수 없기 때문에 직접 방문구매를 해야 한다.
꽤 널찍한 규모의 사무실에는 상주하고 있는 직원이 있고,
고려항공의 노선과 시간표 정보가 있는 팸플릿 이 비치되어 있다.
고려항공의 주요 노선은 중국의 북경(베이징), 선양 그리고
러시아의 블라디보스토크와 태국의 방콕이고, 노선이 유동적인 편이다.
선양−평양 왕복노선의 경우 주 2회(수요일, 토요일)를 운영하고 있으며,
환율에 따라 다르지만 일반석 기준 약 45만 원 정도 한다.
티켓은 위안화 및 달러 등으로 결제를 할 수 있다.

고려항공시간표 팸플렛

시간표 차례

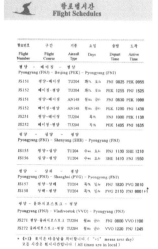

항로별시간

고려항공 칠보산호텔 지점

칠보산호텔 전경

# 입국수속

—

 여느 공항과 마찬가지로 입국수속절차 역시 비슷하다. 다만 검역신고서, 입출국수속표, 세관신고서는 적어야 할 내용들이 많으니, 자신의 짐에 대해서 꼼꼼하게 숙지하여 기입해야 하고 항공기 안에서 미리 적어 두는 것이 좋다.

 일반적으로 외국여행의 경우 가지고 다니는 물품들을 기입하지 않지만, 북한에 입국할 때는 품명, 단위, 수량을 정확하게 기입해야 한다. 특히 컴퓨터, 휴대전화, 카메라, USB저장장치와 같은 전자기기는 더욱 그렇다. 나의 경우 이 중에 휴대전화와 카메라가 있었고 카메라의 경우 따로 검색대 옆으로 가서 저장된 사진에 대해서 검사를 받았다.

검역신고서 앞면

검역신고서 뒷면

<table>
<tr><td valign="top">

(양식 제 11 호)

## 조선민주주의인민공화국
## 세 관 신 고 서

이름_____ 성별____ 나이____ 민족별_____
국적_____ 거주지_____
방문지_____ 려권번호_____
대표단명_____ 직장직위_____
초청기관_____ 차 번 호_____
따로붙인짐_____ 짝_____ 손 짐_____ 짝

### 화 폐 명 세

| 화폐명 | 금액 | 화폐명 | 금액 |
|---|---|---|---|
|  |  |  |  |
|  |  |  |  |

아래와 같은 물품들이 있으면 □에 표시하시오.

1 무기, 총탄, 폭발물, 흉기               예 □   아니 □
2 마약, 각성제, 극약, 독약               예 □   아니 □
3 지구자리측정기 (GPS)                   예 □   아니 □
4 손전화기, 위성전화기 등 통신기재       예 □   아니 □
5 력사문화유적, 예술작품                 예 □   아니 □
6 각종 출판선전물                         예 □   아니 □

※ 모든 휴대품들의 구체적인 품명과 수량은 뒤면에 쓰시오.

</td><td valign="top">

## 휴 대 품 명 세

| 품 명 | 단 위 | 수 량 | 품 명 | 단 위 | 수 량 |
|---|---|---|---|---|---|
|  |  |  |  |  |  |
|  |  |  |  |  |  |
|  |  |  |  |  |  |
|  |  |  |  |  |  |
|  |  |  |  |  |  |
|  |  |  |  |  |  |
|  |  |  |  |  |  |
|  |  |  |  |  |  |

※ 정확하게 신고하지 않았을 경우에는 조선민주주의인민공화국
세관법에 따라 처리한다.

주세    (20   )년   월   일   신고자_____ 수표_____

검사기록:_____

_____

_____

세관_____ 세관원이름_____ 수표_____

</td></tr>
</table>

세관신고서 앞면                                     세관신고서 뒷면

<table>
<tr><td valign="top">

## 조선민주주의인민공화국

## 입/출국수속표

### DEMOCRATIC PEOPLE'S REPUBLIC OF KOREA

### ENTRY/EXIT CARD

### 통 행 검 사 소

### IMMIGRATION CONTROL OFFICE

</td><td valign="top">

## 입 / 출국
## ENTRY/EXIT
정확히 쓰십시오.
Please complete in English.

이 름
Surname
Given names                                성별 남 / 녀
Sex   M / F

난 날         Year  Month  Day   국적
Date of            /    /       Nationality
Birth

민 족            동반자
Race            Companion

려권종류 / Type/   D / S / O      사증번호
번호 Passport No.                Visa No.

직장 직위
Office and position

거주지
Adress

대표단이름/려행목적
Name of Delegation/
Purpose of Trip

조청기관
Invited by

목적지/체류지              체류기간
Destination/              Staying
Place of sojourun         period

항로/배/자 이름(번호)
Flight/Ship/Vehicle Name(No.)

입/출국날자  Year  Month  Day  수표
Date of          /    /      Signature
Entry / Exit

</td></tr>
</table>

입출국수속표 앞면                                   입출국수속표 뒷면

# 해방산호텔

—

    나는 평양에 있는 동안 해방산 호텔에서 묵었다. 호텔 객실은 등급에 따라 다르지만, 60~100달러 내외로 조식이 포함된 가격이다. 5층으로 된 호텔은 총 121개의 방으로, 1등실 1개, 2등실 26개, 3등실 94개로 이루어져 있다.

    해방산 호텔은 평양시 중심인 중구역 승리거리에 위치하여 있으며, 좌측으로 대동강이 흐르고 있다. 호텔을 나와 우측을 보면 노동신문사가 보인다. 1948년 4월에 처음 준공된 역사가 오래된 호텔이다.

    호텔 안에는 식당을 비롯하여 커피점, 청량음료점, 책방, 면담실, 남녀사우나 및 안마시설 등이 잘 갖추어져 있다. 그리고 호텔방 안에는 LCD TV, 간이 금고, 커피포트, 에어컨 등 편의시설들이 잘 갖추어져 있다. 전체적으로 오래된 흔적이 있긴 하지만, 시설들이 깔끔하게 유지되고 있었다. 게다가 안내데스크는 굉장히 친절하다. 얼굴이 익은 뒤로부터는 반갑게 인사하였고, 환전 또한 매우 친절하게 도와주었다.

    호텔 앞에는 항상 승용차들이 분주하게 오고 간다. 남한의 통일교 재단이 출원하여 북한과 합작으로 운영하고 있는 평화자동차를 비롯해서 중국차, 일본차 그리고 독일 프리미엄 자동차의 브랜드인 벤츠, BMW, 아우디와 같은 고급기종들도 어렵지 않게 볼 수 있다. 해방산 호텔 근처는 출퇴근 시간이 되면 교통체증도 보이고 여기저기서 차량 경적을 울리는 소리를 들을 수 있는 곳이다.

해방산 호텔 전경

호텔 객실 실내

호텔 입구에서 바라본 맞은편

호텔 최상층에서 내려다보는 전경

# 평양 풍경 1편

—

  출퇴근 시간에는 정말 많은 인파들이 줄지어 거리를 다니고, 주간에는 대체적으로 한산한 분위기였다. 평양 사람들의 걸음걸이는 그렇게 빠르지도, 느리지도 않았다. 어디에 어떤 목적이 있어 가는  것인지 한 사람, 한 사람 물어보고 싶었다.

  거리에는 다양한 가게들이 있었다.  일반적으로 건물 안에 입점해 있으면 '상점'이라고 적혀 있고 길거리에서 간이건물을 이용하면 '매대'라고 적혀 있었다. 사실 요즈음에는 상호가 매우 다양하고 외국어들이 많아서 거리를 다니다 보면 저 가게가 어떤 장사를 하는지 모르는 경우도 있지만, 북한의 상점들은 누가 봐도 저 상점은 어떤 물건을 취급하는지 바로 알 수 있을 만큼 상점의 간판과 디자인이 분명하게 취급품목을 가리키고 있었다.

  같은 품목을 파는 매대들이 줄을 지어 있기도 했고, 그렇지 않은 곳도 있었다. 더운 날이라 그런지 특히 음료매대 앞에 사람들이 붐볐다.

청량음료 매대들

24시간 운영약국
(스위스 합작회사로 P는 평양,
S는 스위스를 의미)

대동강변에 나란히 있는 매대들

만수대거리의 꽃매대

문수거리에 있는 청류다리

버드나무거리

창전거리 앞을 지나는 무궤도전차

창전거리에 있는 대동문 사진관

창전거리(김일성 주석 100주년 기념 완공)

창전거리에 있는 인민극장

## 삼지연 판형콤퓨터(테블릿 PC)

우리가 흔히 '테블릿 PC'라고 말하는 상품이 북한에도
'판형콤퓨터'라는 이름으로 자리 잡고 있다. 안드로이드 기반으로
듀얼코어 CPU에 1GB DDR3램, 8GB 저장공간을 가지고 있다.
전원을 켜면 '판형콤퓨터 삼지연'이라는 로고가 뜨고, 로딩이 끝난 뒤에는
2012년 북한 최초의 위성 발사용 우주발사체인 '은하 3호' 로켓이 있는
잠금화면이 나온다. 잠금화면을 풀면 도서 · 게임 · 사전 등의
32종의 어플리케이션이 등장하는데, 모두 자체 개발 어플리케이션들이다.

삼지연 로딩화면

삼지연 박스

삼지연과 아이패드 미니

삼지연의 상세스펙

삼지연의 메인화면

삼지연의 잠금화면

# 만수대 대기념비

—

　만수대 언덕에 있는 이 동상은 남한 사람들에게도 매우 익숙한 북한의 기념비이다. 대중매체에 자주 등장하기 때문이다. 북한의 건축물은 규모가 크고 웅장하기로 유명한데, 만수대 대기념비가 바로 그 표본이다. 높이가 약 22.5m에 달하는 이 만수대 동상은 올해 세계 최대 여행출판사인 론니플래닛(Lonely Planet)에서 선정한 세계 500대 관광지로, 414위에 랭크되었다.

　원래는 김일성 주석 동상만 있었는데, 2012년 4월에 김정일 국방위원장 동상과 같이 올려졌다. 만수대 대기념비를 보면 그 크기에 압도되는 것도 사실이지만, 좌우에 있는 기념탑에 있는 살아 있는 듯한 군상들의 표현이 더 인상적이다.

동상 좌측에 위치한 '사회주의혁명 및 사회주의건설군상'

동상앞에서 경례를 끝내고 돌아서는 학생들

동상우측에 위치한 '항일혁명투쟁군상'

야외촬영을 하는 결혼한 남녀청춘들

—

국가선물관은 2012년 8월 1일에 개관하였다. 북한과 남한 그리고 해외에서 온 선물들을 모아 놓은 곳이다. 덧신을 신고 들어가야 했고 내부가 꽤 서늘했는데, 선물보존을 위해서 사시사철 일정하게 온도를 유지한다고 한다.

그 가운데 남한의 대통령들이 보낸 선물들과 기업가들이 보낸 선물들도 있었다. 남한의 대통령들에게는 '대통령'이라는 칭호 대신에 '집권자'라는 표현으로 선물 명패소개를 적어 놓았다. 현대그룹 창업주 정주영 회장이 보낸 고급승용차 그랜저가 통째로 전시되어 있었으며, 황해도 사리원이 고향인 에이스침대 안유수 회장의 고급 가구들도 있었다.

이외에도 어마어마한 크기에 대리석 가공품을 비롯하여 다양한 선물들이 전시되어 있었는데, 아쉽게도 사진 촬영은 금지되어 있었다.

국가선물관 전경

시원하게 뻗은 국가선물관 진입로

# 김일성광장

—

　평양시의 중심에 자리 잡고 있는 김일성광장은 1954년 8월에 준공한 곳으로 총면적 75,000m²에 달하며, 북한에서는 각종 국가적인 기념일 행사와 열병식이 바로 이 김일성광장에서 열린다.

　평양시내를 오가며 김일성광장을 지날 때마다 2015년 10월 10일 조선노동당 창건 70주년 행사를 맞아 열심히 예행연습 중인 학생들을 만나 볼 수 있었다. 광장 앞으로 큰 도로가 나 있고 많은 차량들이 오고가기 때문에 길을 건너는 학생들의 안전을 위해 교통안전원의 손이 분주했다.

광장을 가로지르는 무궤도전차

넓은공간의 김일성 광장

광장을 걷는 시민들

행사를 준비하는 학생들을 보는 관광객들

조선노동당 70주년 기념행사를 준비하는 학생들

휴식하는 학생들 뒤로 지나가는 시민들

휴식하는 학생들

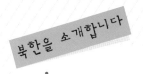

## 자전거도로

평양 시내 곳곳에는 자전거도로가 정비되어 있다.
자전거 표지판이나 바닥에 그려진
자전거 그림 그리고 인도 옆쪽의 페인트를 칠한 부분으로,
자전거 전용도로임을 확인할 수 있다.

자전거도로

# 북한의 맛집 1편

—

평양 식당들의 맛은 일품이다. 나는 육개장, 냉면, 비빔밥을 즐겨
먹었는데, 음식의 맛은 물론이고 신선함과 양면에서 외국이나 남한의
식당들에 견주어도 손색이 없다.

가격은 아주 저렴하지도 비싸지도 않은 편이다. 식당마다 다르지만
대체적으로 1인당 한화 8,000원에서 15,000원선으로 주문할 수 있
고, 커피도 4,000원에서 7,000원 사이를 오간다. 영업시간은 식당마
다 다르지만 대체로 늦은 밤까지 영업을 한다. 피자집에서는 내가 평
소에 즐겨먹었던 핫소스를 그대로 먹을 수 있어서 좋았다.

2013년에 개업한 '해당화관'이라는 곳은 식당뿐만 아니라 다양한 봉
사시설을 갖춘 종합센터이다. 지상 6층으로 되어 있고, 수십 대의 차
를 주차시킬 수 있는 지하주차장까지 마련되어 있다.

뜨끈뜨끈한 피자 한조각

해당화관 (종합봉사기지)

평양시내 한 피자집

치즈가 듬뿍 들어간 피자

TABASCO 핫소스와 시원한 콜라까지

장어롤

종합김치와 언감자떡

메추리알을 띄운 녹차냉면

# 보통강변

—

    보통강은 평양 중심을 크게 가로지르는 대동강으로 흘러들어가는 작은 강이다. 유원지로 조성된 보통강은 아기자기하게 꾸며져 있었다.

보통강변 1

보통강변 2

보통강변 3

강변넘어로 보이는 인민문화궁전

한가로운 보통강변

보통강을 가로지르는 아담한 다리

평화롭게 낚시를 즐기는 시민들

잘정돈된 보통강변

시민들은 강변에서 낚시와 자전거타기,
산책을 즐긴다

# 칠골교회

—

　평양시 만경대구역 칠골동에 위치한 칠골교회는 2014년에 개보수를 거치면서 새로 개건을 하였다. 100여 명 정도를 수용할 수 있는 이 아담한 교회는 내가 갔던 당시, 북새통을 이루었다. 북한 사람들도 있었지만, 절반 이상은 외국인 관광객들이었다. 우리말로 진행되는 예배임에도 불구하고 열심히 기도하는 외국인들의 모습을 볼 수 있었다.

성경 및 찬송가 책

칠골교회 전경

교회 안에서 예배중인 사람들                                         예배를 마치고 나온 사람들

시내에서 칠곡교회까지 이동할 때 이용한 택시

## 금당주사약, 혈궁불로정

북한의 부강제약회사에서 만든 금당2주사약과 혈궁불로정은
북한 내부에서 인기가 많고, 여러 나라로 수출도 하고 있는 약이다.
금당2주사약은 주사 앰플이고, 혈궁불로정은 건강보조식품이다.
금당2주사약의 경우, 북한 개성지방의 인삼밭에 희토류 미량비료를 주는
방법으로 희토류를 침투시켜 인삼 안에 있는 다당체와 희토류가
안전한 착화합물을 형성하게 한 다음, 그 착화합물을 추출하여 가공한
주사약이라고 소개하고 있다. 또한 유행성간염이나 악성독감, 사스, 조류독감,
신형독감, 에이즈를 비롯한 각종 전염병들과 많은 질병들을 치료와
예방에 금당2주사약이 큰 효험이 있는 것으로 소개하고 있다.
이 주사약은 남한의 언론에 여러 차례 나오기도 하였다.

혈궁불로정 광고포스터

금당주사약 광고포스터

# 평양 풍경 2편

—

    학생들과 군인들을 제외하고는 평양 사람들의 옷차림은 절기에 맞게 자유로웠다. 특히 젊은 여성들의 세련된 차림이 돋보였다. 다양한 디자인과 색깔의 구두와 가방, 장신구들로 치장한 여성들을 굉장히 많이 볼 수 있었다.

버드나무 거리

국립연극극장 앞을 지나는 사람들

문수거리와 태양광 가로등

평양역 전경

버드나무 거리에서 햇살을 피하는 여인들

창전거리

버드나무 거리의 시민들

평양학생소년궁전 앞 학생들

인민대학습당

평양의 밤거리는 참 인상적이다. 공원에는 등불 아래서 공부하는
학생들, 사랑을 속삭이는 커플들, 무더운 낮을 피해 시원한 바람을
맞으러 나온 시민들로 북적인다. 굉장히 늦은 시간에도 영업을 하는
가게들이 많이 있었고, 도로에는 끊임없이 차가 다녔다.

만수대예술극장 앞 분수

만수대 의사당

만수대 의사당과 분수공원

개선문 야경

인민대학습당

창전거리

평양 제1백화점 앞 대기중인 택시들

# 보통강정보기술교류소

—

　보통강정보기술교류소는 전자제품을 살 때 평양 시민들이 가장 많이 찾는 상점 중에 하나이다. 이곳에는 컴퓨터·프린트기·TV·세탁기·냉장고 등 가전제품 위주로 상품이 가득 진열되어 있었다. 사람들도 자주 드나들며, 물품을 사 가거나 자신이 원하는 물품의 가격을 물어보기도 했다.

　그 가운데 인상 깊었던 물품은 '무한잉크 프린트기'였다. 진열대 가득한 프린트기와 무한 리필 잉크 시스템을 보면서, 사람들이 저 많은 잉크로 어떤 내용의 글들을 뽑을지 자못 궁금했다.

보통강정보기술교류소

보통강정보기술교류소 내 컴퓨터 상점

보통강정보기술교류소 내 컴퓨터 상점 2

잘 구비된 리필잉크 시스템

진열대 가득한 프린트기

## 보통강 USB기억기, 별무리 USB기억기

북한에는 수많은 상품들이 자체 생산되고 있다.
국가에서 장려하기도 하지만, 또 상품성이 있다는 뜻이기도 할 것이다.
우리가 흔히 쓰는 USB도 자체 생산되고 있는데,
하나는 '보통강 USB'이고 다른 하나는 '별무리 USB'이다.

보통강 USB와 별무리 USB 크기 비교

별무리 USB 광고포스터

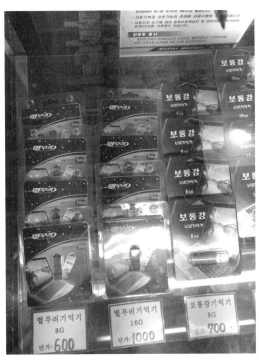

진열대에 놓여진 USB들

# 평양지하철도

—

　평양지하철은 1973년 9월부터 운영되기 시작하였다. 세로노선인 천리마선(부흥역-붉은별역)과 가로노선인 혁신선(광복역-낙원역)의 두 개 노선, 총 16개 역이 있다.

　평양지하철의 모든 역은 서로 다른 내용과 형식으로 독특하게 꾸며져 있다고 한다. 내가 갔던 부흥역 역시 좌측에는 '혁신의 아침'이라는 모자이크 벽화가, 우측에는 '풍년의 노래'라는 모자이크 벽화가 있었는데, 크기는 가로 24m, 세로 4m에 달했다. 벽화들은 대부분 풍경이나 노동자들의 모습을 나타내고 있었다.

　평양지하철은 평균적으로 지하 100m 정도에 매우 깊숙하게 건설되었고 가장 깊은 곳은 200m에 달한다. 그럼에도 불구하고 답답한 공기를 느낄 수 없었다. 천장에는 매우 큰 샹들리에가 설치되어 있었고, 그 아래에는 사람들이 노동신문을 무료로 읽을 수 있도록 간이 신문대가 설치되어 있었다.

　지하철 배차 간격도 짧았다. 구경을 하느라 먼저 온 차량을 보내고 다음 차량을 기다렸는데 5분정도 기다리자 바로 왔다. 지하철 차량은 'Berlin Type D'라는 독일에서 구입한 차량이었다. 꽤 노후화된 차량이었지만 아무런 문제없이 잘 달렸다.

지하철이 들어오고 있다

깊숙하게 내려가는 에스컬레이터

내려가는 에스컬레이터 한 평양여성과 함께

많은 사람들이 이용하는 평양지하철도

부흥역의 벽화

어디서나 인기가많은 노동신문 가판대

학생들이 많이 보이는 영광역

영광역에서 노동신문을 보는 시민들

# 평양 풍경 3편

—

차량이 많은 거리에서 교통보안원의 몸짓은 분주하게 움직였다. 퇴근시간이 가까워지자, 조용했던 거리는 사람들로 채워지고 무더운 여름날도 그렇게 하루하루 채워지며 지나가고 있었다.

거리에서 학생들이 음악을 연습하고 있다

교통질서를 담당하는 교통보안원 1

교통질서를 담당하는 교통보안원 2

공원넘어로 류경호텔이 보이는 풍경

노동신문 본사건물

인민극장과 주변환경

만수대거리를 지나는 택시

만수대의사당이 보이는 만수대거리

잘 가꾸어진 공원

퇴근시간이 가까워지는 평양의 거리

해방산호텔앞을 지나는 무궤도 전차

$(a+b)^2 = a^2 \pm 2ab + b^2$

학교 옆 가로수에는 수학공식이 있다

# 모란봉의 여름

—

모란봉은 평양에서 '수도의 정원'이라고도 불린다. 공원의 전체적인 모양이 모란꽃같이 아름답다 해서 '모란봉'이라는 이름이 붙여졌다고 한다.

모란봉에는 을밀대, 칠성문, 최승대, 부벽루 등의 역사 유적들이 많이 있다. 사람들은 이곳 공원에서 더위를 피해 그늘을 찾아 피서를 즐기기도 했고, 한편에서는 배드민턴, 춤 등의 운동을 하기도 했다. 물론 산책을 하는 사람들도 많았다.

제일 높은 곳은 최승대로서 높이는 95m라고 한다. 모란봉 기슭에 어느 정도 올라가면 평양시내를 훤하게 내려다볼 수 있다. 사실 대부분의 평양 참관지들은 웅장하고 선이 굵직굵직한 건축물이 다수를 이루지만, 모란봉은 아기자기한 자연의 모습들이 기억에 많이 남는 곳이다. 모란봉 주변에는 김일성경기장, 개선문, 모란봉극장, 청년공원, 야외극장, 모란각 등이 있다.

깨끗하게 정돈된
모란봉의 길

모란봉의 을밀대 모습

초록이 무성한 모란봉의 길

을밀대 설명

을밀대로 오르는 아담한 돌길

을밀대에서 내려다본 평양시내 1

을밀대에서 내려다본 평양시내 2

을밀대에서 내려다본 평양시내 3

# 민족요리 신선로(샤브샤브)

신선로는 원래 전통궁중음식으로,
화통이 달린 냄비에 불을 지펴 끓이면서 먹는 방법이다.
우리가 먹는 '샤브샤브'와 비슷하지만
육수와 양념 등이 정말 특색 있게 준비되어 있다.

새 신선로

신선로에서 끓고있는 육수

화통의 공기주입으로 열을 조절하는 신선로

신선로에 들어갈 고기

음식준비를 도와주는 종업원

# 개선청년공원

—

    개선청년공원은 쉽게 말해서 놀이동산과 같다. 내가 갔을 때는 영
업시간이 끝나갈 즈음이라 입장하지는 못했지만, 신나게 놀이기구를
타고 서로 사진을 찍어 주는 젊은 북한 청년들을 볼 수 있었다. 가식
없이 싱글벙글한 웃음을 천진난만하게 짓고 있는 청년들을 보면서 무
엇이 그렇게 재미있는지, 평소에 어떤 대화를 하고, 무슨 취미생활을
하며 시간을 보내는지 참 궁금했다.

개선청년공원 안내도

개선청년공원 입구 앞 분수대

개선청년공원 입구

개선청년공원 입구에서 한컷

개장시간이 끝난뒤에도 사람들은 밝은 불빛아래 옹기종기 사진을 찍는다

공원앞 광장은 사람들의 만남의 장소와 같아 보인다

쉴틈없는 개선청년공원 앞 청량음료점

—

　평양냉면은 비단 옥류관뿐만이 아니다. 고려호텔의 냉면도 맛있기로 소문난 곳이다. 천지관 역시 깔끔하고 신선한 음식이 나왔고, 아리랑 식당의 비빔밥은 정말 최고였다.

고려호텔 식당 내부

고려호텔 냉면 1

고려호텔 냉면 2

고려호텔 전경

천지관 전경

아리랑식당의 비빔밥

천지관의 버섯볶음밥

천지관의 장어덮밥

# 김일성종합대학

—

　김일성종합대학은 1946년 10월 1일에 건립된 북한 최고의 대학으로, 부지면적이 156만m²에 달한다. 창립 당시 7개 학부, 24개 학과, 1,500여 명의 학생들에서 현재는 법률대학 · 문학대학 · 컴퓨터과학대학의 3개 대학과 13개 학부에서 12,000여 명의 학생들이 공부하고 있으며 3,000여 명의 교원 및 연구원들이 있다.

　평양에는 김일성종합대학 이외에도 과학기술인재 양성을 목표로 하는 김책공업종합대학, 음악전문가 양성을 목표로 하는 김원균명칭 평양음악대학 등이 있다.

　나는 김일성종합대학의 전자도서관과 수영관을 견학하였다. 먼저 2010년 4월에 건설된 전자도서관에는 목록검색으로부터 도서 및 자료열람, 강의 등을 컴퓨터를 통해 할 수 있도록 시설들이 구비되어있었다. 특히 컴퓨터실의 모든 모니터와 본체에는 '위대한 령도자 김정일 동지께서 배려하여 주신 선물설비'라는 노란 글씨의 빨간색 배경스티커가 각각 붙여져 있었다. 도서관이니 만큼 정숙한 분위기였고, 정리정돈이 매우 깔끔했다.

　수영관을 가보니 더위를 식히려는 학생들과 선수들이 수영을 하고 있었다. 2008년에 지어졌다는 이 수영관은 한쪽에 미끄럼을 탈 수 있는 시설까지 구비되어 있었다. 캠퍼스의 분위기는 대체로 한산했고 뜨거운 햇볕을 피해 양산을 들고 다니는 여학생들을 자주 볼 수 있었다.

김일성종합대학 본관 전경

김일성종합대학 캠퍼스 건물 1

김일성종합대학 캠퍼스 건물 2

본관에서 내려다본 풍경

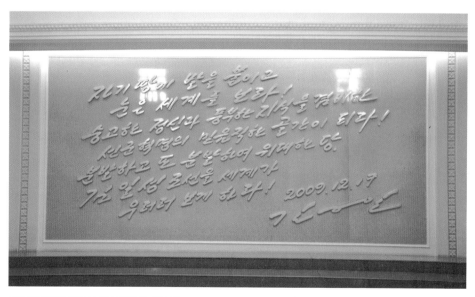

김일성종합대학 전자도서관 로비에 새겨진 문구

김일성종합대학 전자도서관 강의실

김일성종합대학 전자도서관 컴퓨터실 입구에 마련된 정보검색대

김일성종합대학 전자도서관 컴퓨터실

캠퍼스내 수영관 전경

캠퍼스내 수영관 로비

수영관 내부 놀이시설

수영관 내부

## 전통꿀

북한에서 꿀이라고 하면 보통 세 종류로 나뉜다고 한다.
산꿀, 토종벌꿀, 왕벌젖꿀이 바로 그것이다.
이러한 꿀들은 위염, 노화방지 등의 효과가 있다고
적극 소개가 되며 북한의 식료품 매점에서
판매되고 있다.

판매되고있는 전통꿀 1

판매되고있는 전통꿀 2

전통꿀 홍보 포스터

판매되고있는 전통꿀 3

# 고층 살림집(아파트)

—

    북한에서 '살림집'은 일반 가정집을 뜻한다. 또한 아파트의 경우 '고층 살림집'이라고 표현한다. 평양시내에는 생각보다 많은 고층빌딩들을 볼 수 있는데, 대개 아파트 아니면 호텔이라고 보면 된다. 내가 간 김일성종합대학 교육자살림집은 대학의 총장이나 교수들의 집이 아닌 연구원들의 가정집이었다.

    나는 그중 34층에 있었던 가정집을 방문하였는데, 약 60여 평의 집에 3명이 구성원인 한 가족이 살고 있었다. 개방형 구조가 아닌데다 집이 크고 방이 5개나 되다 보니 마치 미로 같았다. 살림살이는 간소해 보였지만, TV· 냉장고 · 에어컨 등 웬만한 가전제품들은 전부 다 갖추어져 있었다. 입주민은 박사과정의 연구원이었는데, 자신뿐만 아니라 교육자살림집에 들어온 전세대가 처음 입주할 때에 가구, 가전 심지어 식기까지 구비된 상태로 들어왔다고 말했다.

    평양에서 이렇게 좋은 아파트에 들어올 수 있다는 것은 주민들의 입장에서는 복권 당첨과도 같은 행운일 것이다.

살림집 휴계층에서 내려다본 시내 1

살림집 휴게층에서 내려다본 시내 2

살림집 휴게층에서 내려다본 시내 3

살림집 휴게층에서 내려다본 시내 4

살림집 휴게층에서 내려다본 시내 5

살림집에서 내려다본 시내

고층살림집 거실 모습

고층살림집 안방

고층살림집 방 1

고층살림집 방 2

고층살림집 방 3

살림집 복도

살림집 욕실

살림집 식탁 및 주방

살림집 주방

# 평양학생소년궁전

—

   평양학생소년궁전은 1963년 9월에 건립된 학생들의 방과 후 교육을 담당하는 곳이다. 건물 앞에는 어린 학생들과 함께 있는 김일성 주석의 동상이 있었다. 내가 밖에 잠깐 있는 동안 학생들은 줄을 지어 동상에 인사를 하고 갔다. 그리고 이내 관광객들을 태운 조선국제여행사 버스가 줄지어 도착했고, 참관이 시작되었다.

   평양학생소년궁전 참관은 먼저 서예, 수예, 미술, 피아노 연주 등 학생들이 방과 후 활동을 하는 모습을 자연스럽게 보여 준 후에 마지막에는 극장에 모여서 학생들의 공연을 관람하는 순으로 끝난다.

   학생들은 자신들의 활동에 매우 진지한 모습을 보였다. 그동안 유튜브와 같은 곳들을 통해 많이 봐 왔지만, 특히 피아노 · 가야금 등의 악기를 다루는 실력은 눈으로 보면서도 믿을 수 없는 광경이었다. 사람이라면 누구나 똑같이 느꼈을 것 같다. 정말 기가 막히게 잘했다. 공연이 모두 끝난 후에 관광객들 사이에서 박수갈채가 쏟아져 나왔다. 그리고 건물을 나가면서 작은 선물들을 놓고 갔다.

언덕위에 있는 평양학생소년궁전 전경

공연시간에 맞춰 도착하는 관광객들

평양학생소년궁전 옆으로 보이는 창전거리

평양학생소년궁전 앞에서 내려다본 거리

평양학생소년궁전 로비에 모여든 중국인 관광객들

평양학생소년궁전 앞을 지나는 학생들

평양학생소년궁전 공연장

공연 마지막 순서 노래를 하는 학생들 1

공연 마지막 순서 노래를 하는 학생들 2

공연 마지막 순서 노래를 하는 학생들 3

공연하는 어린이들

악기를 연주하는 학생들 1

악기를 연주하는 학생들 2

아코디언을 연주하는 학생들

가야금을 타는 학생들

피아노를 연주할 듀엣 학생들

피아노를 치는 학생과 지켜보는 관광객들 1

피아노를 치는 학생과 지켜보는 관광객들 2

붓글씨를 쓰는 학생들

수예를 하는 학생들

# 평양순안국제공항

—

평양순안국제공항의 신청사는 7월 1일에 새롭게 준공되었다. 지난
4월에 다녀간 청사는 이제 구청사가 되어 버렸다. 구청사에 대비해서
신청사는 깔끔했고 현대식으로 잘 만들어져 있었다.

출국을 기다리는 고려항공 항공기

출발시간을 확인할 수 있는 전광판

중국인 단체 관광객들을 많이 볼 수 있다

한가한 게이트 앞 모습

출국 게이트편의 다양한 편의시설

출국 게이트편에 구비된 서점

평양순안국제공항 까페

출국전 이용할 수 있는 상점

## 전자결제카드 '나래'

북한에는 전자결제카드인 '나래'가 있다.
쉽게 말해서 체크카드인데, 2010년 12월 말부터
조선무역은행이 서비스를 시작했다고 한다.
지금은 많은 북한 사람들이 이용하고 있다고 알려졌다.
한편 북한에서도 은행 업무를 간편하게 볼 수 있다.
내가 구경했던 은행은 '하나은행(남한의 하나은행이 아니다)'이었는데,
입금 · 출금 · 송금 등의 업무가 가능하다.
짧게 다녀가는 관광객이라면 굳이 은행서비스를 이용할 필요는 없겠지만,
사업을 하는 사람에게는 꼭 필요한 서비스로 보였다.

해방산호텔 안에 입점해 있는 은행

# 전자결제카드 《나래》 사용설명서

1. 전자결제카드 《나래》 상표이름은 내 조국의 창공높이 기세차게 날아오르는 천리마의 비약의 나래와 그 기상을 의미합니다. 《나래》카드는 외화봉사단위들에서 상품 및 봉사대금을 지불할 때 사용하는 전자지불수단으로서 모든 대금지불을 무현금결제의 방법으로 신속정확히 진행할수 있게 합니다.

2. 《나래》카드는 지정된 외화봉사단위들에서 발행하며 발행된 카드는 전국의 모든 외화봉사단위들에서 제한없이 카드잔고범위안에서 상품 및 봉사대금결제에 리용할수 있고 카드-카드사이 송금과 손전화기에 의한 대금결제를 진행할수 있습니다.

   카드송금은 《나래》카드소지자가 카드의 잔고범위안에서 다른 《나래》카드소지자에게 자금을 넘겨주거나 받을수 있게 하며 손전화기에 의한 대금결제는 임의의 장소에서 손전화기를 리용하여 손전화료금이나 봉사대금결제를 진행할수 있도록 하는 봉사입니다.

   《나래》카드가 없는 손님들의 경우 출납원의 외화교환봉사카드에 의해 반드시 외화교환을 진행하여 외화원으로 봉사대금을 지불하여야 합니다.

카드-카드사이 송금

손전화기에 의한 대금결제

3. 카드발행단위들에서는 카드를 발행받으려는 손님 (외국인 포함)으로부터 외화현금을 받고 당일 외화교환시세에 따라 환산된 외화원을 카드에 입금시켜줍니다.

4. 카드앞면에 있는 4자리 수자들의 세번째와 네번째 묶음은 개별적인 카드소지자의 카드번호이기때문에 반드시 기억하여야 합니다.

5. 카드보안을 위하여 손님은 카드를 발행받을 때 교원원의 안내에 따라 카드에 본인의 암호를 설정하게 됩니다.

   카드소지자는 카드로 대금을 지불할 때 암호를 사용하여 지불을 승인하여야 하므로 자기의 카드암호를 기억하여야 합니다.

   ※ 암호를 3번 련속 틀리게 입력하면 카드결제가 자동중지되기때문에 암호를 정확히 입력하여야 합니다.

6. 카드의 잔고보충은 임의의 지정된 외화봉사단위들에서 활수 있습니다.

7. 카드잔고를 외화현금으로 전액 또는 일부를 반환받으려는 카드소지자는 카드발행은행에서 해당한 봉사를 받을수 있습니다. 외국인인 경우 체류하고있는 호텔과 비행장에서 우와 같은 봉사를 받을수 있습니다.

8. 카드사용과 관련하여 아래의 사항을 준수하여야 합니다.

   ■ 카드가 파손되거나 손상되지 않도록 잘 보관하여야 합니다.
   ■ 카드를 분실 (파손)한 경우 무역은행 카드업무부서에 즉시 해당 카드번호를 신고하여야 합니다. 카드분실 (파손)이 확인되면 자기의 신분을 밝히고 《카드분실 (파손)신고서》에 해당한 내용을 기입하여 제출하여야 하며 카드재발급비를 지불하고 카드를 이전 잔고와 함께 발급받을수 있습니다.
   ■ 카드분실신고를 제때에 하지 않거나 카드소지자의 부주의로 초래되는 모든 손실은 본인이 책임져야 합니다.

9. 카드소지자의 카드거래와 관련한 비밀은 철저히 보장되며 카드에 입금된 자금은 법적보호를 받습니다.

## 조선민주주의인민공화국 무역은행

전자결제카드 나래 사용설명서 포스터

**❷**

# 평양의
# 가을

# 옥류관

—

소문난 맛집이 그렇듯이 옥류관에 가면 냉면을 먹으러 온 사람들로 문전성시를 이루는 모습을 볼 수 있다. 옥류관은 모란봉, 능라도, 대동문, 연광정 등 풍경이 좋은 주변 환경으로 둘러싸여 있다.

2010년에는 옥류관 요리전문식당까지 개장 하면서, 북한에서는 민족적 고전미와 현대미가 결합된 기념비적 건축물이라고 자랑한다. 옥류관에서는 평양냉면을 비롯하여 쟁반국수, 철갑상어, 자라 등의 수십 가지 요리서비스를 제공하고 있는데, 특히 철갑상어간장찜과 메추리요리는 평양 시민들에게 인기가 많다.

옥류관 냉면

⋯▸ 평양냉면은 예로부터 민족음식으로 맛있기로 소문이 나 있다. 조선 후기의『동국세시기』에서는 "냉면이라는 것은 메밀국수를 무김치와 배추김치에 말고 돼지고기를 넣은 음식으로 그중 서북의 것이 최고"라고 기록되어 있는데, 이는 바로 평양냉면을 가리키는 것이다. 냉면 맛은 국수원료와 육수 그리고 그릇과 국수말기 등에서 특징이 나온다고 한다.

옥류관 냉면을 처음 먹었을 때, 나는 남한에 있는 평양냉면집들과는 굉장히 다른 맛이라고 생각했다. 식당마다 조금씩 다르긴 했지만 평양냉면에는 공통적으로 묘한 젓갈류의 맛이 났는데, 정말로 처음 먹어 보는 냉면 맛이었다. 냉면은 100g 단위로 300g까지 주문할 수 있다. 냉면과 곁들이는 음식으로 녹두지짐을 시켜 먹으면 맛이 일품이다.

특히, 가족들과 빙 둘러앉아 냉면을 먹는 여자아이가 냉면을 크게 한 젓가락 물고는 면가락을 끊지 않고 먹는 모습이 인상적이었다.

옥류관 테라스에서 바라본 능라도

옥류관 뒤편의 테라스

옥류관 테라스에서 바라본 대동강 전경 1

옥류관 테라스에서 바라본 대동강 전경 2

옥류관 테라스에서 바라본 대동강 전경 3

# 문수물놀이장

—

문수물놀이장은 2013년 10월에 준공된 야외 및 실내 수영장이다. 125,000㎡에 달하는 면적에 물을 이용한 놀이시설들을 잘 갖추었다. 야외 수영장은 총 10개에 달하고 사람들이 물놀이를 하면서 휴식하는 데 필요한 식당·카페·상점 등의 시설까지 갖추어져 있다.

바깥날씨는 꽤 쌀쌀했지만 실내 수영장 내부는 후덥지근했다. 물장구와 미끄럼틀을 타면서 재미있게 신나게 물놀이를 즐기는 사람들의 모습이 인상적이었다.

문수물놀이장 입구

문수물놀이장 앞 전경

문수물놀이장 앞을 지나는 무궤도전차

문수 실내물놀이장 종합안내도

문수 실내물놀이장 천장

문수 실내물놀이장에서 물놀이를 즐기는 사람들

문수 실내물놀이장 미끄럼을 즐기는 사람들

문수 실내물놀이장 미끄럼틀 1

문수 실내물놀이장 미끄럼틀 2

문수물놀이장 내에 있는 이발실 입구

문수물놀이장 내에 있는 이발실

문수물놀이장 내에있는 맥주집 내부

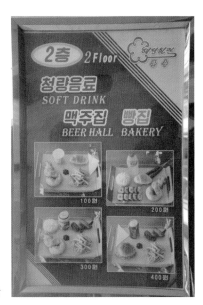

문수물놀이장 내에있는 맥주집 메뉴판

문수물놀이장 내에있는 해맞이커피숍

해맞이커피숍 로고

문수물놀이장 내에있는 청결하고 모던한 남자화장실

# 제13차 전국조선옷전시회

—

'조선옷'은 남한말로 '한복'이다. 북한에서는 이 조선옷을 장려하기 위하여 다양한 종류의 조선옷을 개발하고 전시회를 열고 있다. 북한에서 조선옷은 북한 최대의 명절인 태양절과 광명성절을 비롯하여 크고 작은 의례행사, 민속명절 등에 입는다.

이날 전시된 조선옷의 종류는 명절옷, 일상옷, 결혼식옷, 전통옷, 계절옷, 색동옷 등 매우 다양하였다. 또한 같은 종류의 옷들이라 하더라도 각기 지역과 상점의 이름을 걸고 나와 그 품질을 자랑하고 있었다. 전시부스마다 사람들로 가득 찼는데, 특히 여성들의 관심이 매우 높았다.

전시회에서는 "조선옷을 통하여 받게 되는 미감은 외관상의 미보다 겉으로는 부드럽고 유순하면서도 안으로는 강직한 외유내강의 성품을 지닌 조선 여성의 아름답고 고상한 민족적 미감"이라고 소개하고 있다. 또한 이러한 민족적 미감은 "조선옷의 소박하면서도 우아한 형태와 색깔, 무늬를 통하여 느끼게 된다."고 전하고 있다.

제13차전국조선옷전시회

전시회장 무대모습

전시회장 모습 1

전시회장 모습 2

전시회장 모습 3

전시회장 모습 4

전시회장 모습 5

다양한 조선옷(한복)들 1

다양한 조선옷(한복)들 2

다양한 조선옷(한복)들 3

다양한 조선옷(한복)들 4

다양한 조선옷(한복)들 5

다양한 조선옷(한복)들 6

다양한 조선옷(한복)들 7

다양한 조선옷(한복)들 8

그밖의 일상복들 2

그밖의 일상복들 3

그밖의 일상복들 5

그밖의 일상복들 6

그밖의 일상복들 7

전시회가 열린 평양 청년중앙회관문구

전시공연을 마치고

# 저고리와 바지의 이름 유래

다음은 북한에서 소개하고 있는 저고리와 바지의 이름에 대한 유래이다.

"《바지》, 《저고리》라는 낱말 자체는 리조초기에

처음 나온 것으로 알려지고 있다. 《세종실록》을 비롯한 리조시기

력사기록에는 《적고리》, 《파지》라는 말이 나왔는데 이것은 인민들속에서

널리 통용된 저고리, 바지라는 입말을 한문으로 표기한 것이다.

그 이전 시기에는 바지를 《고》또는 《가반》이라고 하였다.

저고리는 《상》, 《유》, 《위해》 등으로 불렀다. 《고》는 한문으로 바지라는 뜻이며

《가반》은 고유한 우리말이고 《상》, 《위해》는 저고리라는 한문 표현이다.

우리 민족옷이 바지와 저고리 형태를 띠게 된 것은 우리나라의

자연기후조건과 관련된 것으로 보고 있다.

초기에 나온 옷들은 추위로부터 자신을 보호하고 바람이 들어가지 않게

앞섶을 겹쳐 여미고 허리를 끈으로 묶어 입도록 되어 있었으며 아래옷은

두 다리를 각각 천으로 감싸고 실로 꿰맨 통이 좁은 바지형식으로 되어 있다.

또한 바지밑단을 터쳐 놓지 않고 대님(발목을 졸라매는 끈)으로 묶어 입도록 하였다.

이처럼 우리 민족은 옷을 지어입기 시작한 초기부터

오늘과 같은 바지와 저고리 형식의 독특한 민족의상을 창조하였다."

제13차전국조선옷전시회

전시회장의 모델들 (1)

전시회장의 모델들 (2)

전시회장의 모델들 (3)

전시회장의 모델들 (4)

전시회장의 모델들 (13)

전시회장의 모델들 (14)

전시회장의 모델들 (15)

전시회장의 모델들 (16)

전시회장의 모델들 (17)

전시회장의 모델들 (18)

전시회장의 모델들 (19)

전시회장의 모델들 (20)

전시회장의 모델들 (21)

북한을 소개합니다

전시회장의 모델들 (22)

전시회장의 모델들 (23)

전시회장의 모델들 (24)

전시회장의 모델들 (25)

전시회장의 모델들 (26)

전시회장의 모델들 (27)

전시회장의 모델들 (28)

전시회장의 모델들 (29)

전시회장의 모델들 (30)

# 평양 풍경 4편

—

비온 뒤 거리 위로 은행나무 낙엽이 잔잔하게 깔려 있었다. 사실 평양의 거리는 건물과 도로들이 큼직큼직하고 종횡으로 곧게 뻗어 있어 사람들이나 차가 많이 없을 때에는 휑해 보이는 면이 있지만, 또 시원시원해 보이는 운치가 있다.

평양대극장 주변을 종종걸음으로 지나는 평양 시민들의 옷차림에는 가을의 바람이 물씬 깃들여 있었다. 한편, 특색 있는 모양을 하고 있는 평양대극장은 1960년 8월에 준공된 건축물이다. 평양대극장은 승리거리의 축에 맞추어 축대칭으로 세워져 있으며, 정면의 양쪽과 왼쪽 및 오른쪽 옆벽들에는 쪽무이벽화(모자이크벽화)가 있다. 이곳에서는 각종 정치 행사와 예술 공연들이 열린다.

노랗게 물든 평양대극장 앞 은행나무

평양대극장 전경

평양대극장 앞 거리1

평양대극장 앞거리2

평양대극장 앞가로등

평양대극장 앞을 지나는 시민들

평양대극장 앞 주차표시

경림동 거리의 모습 1

경림동 거리의 모습 2

경림동 거리의 모습 3

경림동 거리의 모습 4

경림동 거리의 모습 5

# 무지개식당

—

올해 북한은 당창건 70주년을 맞이해서 무지개 식당을 개장하였다. 무지개식당은 '무지개호' 유람선 안에 위치한 식당으로 연건평 11,390㎡, 길이 120m, 너비 25m, 배수량 3,500t으로 한번에 1,200명이 탑승할 수 있는 매우 큰 유람선이다. 4층으로 된 유람선은 식당을 비롯하여 커피봉사실, 청량음료실, 동석식사실, 연회장, 벨트부페식당, 야외갑판식당, 회전전망식당, 상점 등이 갖춰져 있고, 대동강변에 정박하여 있기 때문에 대동강을 유람할 수 있다.

실내 인테리어가 매우 현대적이었고 종업원들도 곳곳에 배치되어 있어 시설을 이용함에 있어서 불편함이 없게 하려는 노력을 엿볼 수 있었다. 나는 뷔페식당을 이용했는데, 평양 시민들뿐만 아니라 중국인 관광객들도 볼 수 있었다. 음식 종류도 수십 가지가 있었는데 민족음식과 전통음식 위주로 준비되어 있었고, 음식의 신선도와 맛도 만족스러웠다. 무지개 식당 한편에서 웨딩촬영을 하는 커플을 보면서 금방 명소가 되었다고 생각했다.

대동강변에 정박해있는 무지개호 식당

무지개호 야외공간 1

무지개호 야외공간 2

무지개호에서 바라본 대동강 1

무지개호에서 바라본 대동강 2

무지개호에서 바라본 대동강 3

무지개호 뷔페 식당 1

무지개호 뷔페 식당 2

무지개호 뷔페 식당 3

무지개호  로비 전경 1

무지개호  로비 전경 2

무지개호 내부상점 1

무지개호 내부상점 2

무지개호 내부상점 3

무지개호 내부상점 4

무지개호 동석식사공간 1

무지개호 동석식사공간 2

무지개호 동석식사공간 3

무지개호 동석식사공간 4

무지개호 종합안내도를 설명하는 안내원

무지개호 커피점

무지개호의 깨끗한 내부상점 모습

# 민예전람실

—

　평양국제문화회관에 위치한 민예전람실은 관광객들에게 인기가 많다. 다양한 민예품들이 전시되어 있을 뿐만 아니라 전시된 물품들을 구매 할 수 있도록 서비스하고 있기 때문이다. 민예품 중에는 고려청자를 비롯하여 조선화, 수예품, 옥돌공예품, 초물공예품, 민족악기, 민족의상 등이 전시되어 있다. 종류가 워낙 많기 때문에 상품에 대해서 물어보면 친절하게 설명을 해 준다.

　관광객들에게 가장 인기 있는 품목은 개성고려인삼이라고 한다. 개성고려인삼은 다양한 종류로 상품화되어 있는데, 개성고려인삼을 가공하여 만든 개성고려홍삼가루, 개성고려인삼술, 개성고려인삼차, 개성고려인삼화장품이 바로 그러한 것들이다.

민예전람실 봉사원

민예전람실에 있는 개성고려인삼 상품 1

민예전람실에 있는 개성고려인삼 상품 2

민예전람실에 비치된 해삼술

민예전람실에 비치된 칠보산 송이버섯술

민예전람실에 비치된 청혈보약주

민예전람실에 비치된 뱀술

민예전람실에 비치된 금술

민예전람실에 비치된 보심주

민예전람실에 비치된 술들

민예전람실에 비치된 전통술들

다양한 상품이 있는 민예전람실 진열대 1

다양한 상품이 있는 민예전람실 진열대 2

다양한 상품이 있는 민예전람실 진열대 3

다양한 상품이 있는 민예전람실 진열대 4

다양한 상품이 있는 민예전람실 진열대 5

개성고려인삼 린스와 비타민 치약

다양한 민예품들 (1)

다양한 민예품들 (2)

다양한 민예품들 (3)

다양한 민예품들 (4)

다양한 민예품들 (5)

다양한 민예품들 (6)

다양한 민예품들 (7)

다양한 민예품들 (8)

# 개성고려인삼을 이용해 만든 화장품

앞서 언급했듯이 개성고려인삼은 특산품으로 인기가 많다.

따라서 북한의 유명 화장품 회사들은 개성고려인삼을 이용하여

만든 화장품들을 시중에 내놓고 있다.

개성고려인삼을 이용하여 만든 화장품 (2)

개성고려인삼을 이용하여 만든 화장품 (1)

개성고려인삼을 이용하여 만든 화장품 (3)

개성고려인삼을 이용하여 만든 화장품 (6)

개성고려인삼을 이용하여 만든 화장품 (4)

개성고려인삼을 이용하여 만든 화장품 (7)

개성고려인삼을 이용하여 만든 화장품 (5)

개성고려인삼을 이용하여 만든 화장품 (8)

# 대성산

—

　평양에 있는 대성산에는 볼거리, 놀 거리가 참 많은 곳이다. 아래쪽에는 현재 리모델링 공사 중인 중앙동물원이 있고, 좀 더 들어가면 대관람차 · 우주비행선 등의 놀이기구들이 있는 유희장이 있다. 또한 봉우리까지 올라갈 수 있도록 도로가 나있으며 봉우리에 올라가면 대성산성과 그 아래로 평양이 한눈에 담는 경치를 볼 수 있다.

　대성산성은 비문에 보면 알 수 있듯이 고구려시대의 유적이다. 산에 오르니 제대로 된 단풍과 가을바람을 즐길 수 있어 가을의 절정을 체험할 수 있었다.

대성산성 설명비문

대성산 봉우리에 위치한 소문봉 정각

낙엽이 지고 있는 대성산성의 나무

대성산 올라가는 길 1

대성산 올라가는 길 2

대성산 가는 길

대성산성 1

대성산성 2

대성산 봉우리에서 내려다보는 평양 (1)

대성산 봉우리에서 내려다보는 평양 (2)

대성산 봉우리에서 내려다보는 평양 (3)

소문봉 정각 올라가는 길에 있는 요금안내 푯말

수북히 쌓여있는 낙엽들

소문봉 정각 올라가는 길

# 평양 풍경 5편

—

대동문은 6세기 중엽 고구려 수도 평양성 내성의 동문으로 처음 세워졌다고 한다. 높이19m, 축대의 길이는 26.3m에 달하는, 평양의 6대문 가운데 가장 큰 성문이었다고 한다. 특이한 점은 강변 옆에 세워져 있다는 점이었다.

대동강변에 있는 대동문 근처를 걸었다. 학교 앞이고 늦은 오후인지라 하교를 하는 학생들을 볼 수 있었다. 옹기종기 모여 서로 장난을 치며 집으로 돌아가는 학생들, 교문 앞에서 누군가를 기다리는 학생들을 보니, 문득 나의 학창시절이 생각이 났다.

대동강변의 공원

대동강변에서 산책을 하는 시민들

대동강호 표지판을 읽고있는 한 시민

대동문 근처 공원에서 공놀이를 즐기는 학생들

대동문 근처의 동상

대동문 앞 계월향비

대동문 앞 느티나무 한그루

대동문 앞 쌓이 은행나무 낙엽들

대동문 앞을 지나며 공부를 하는 학생

대동문 앞에서 바라본 대동강변

대동문 전경

대동문과 그 뒤로보이는 창전거리 아파트

개선문 앞 넓은도로

하교시간

하교하는 학생들 1

하교하는 학생들 2

교문앞 학생들

# 우표박물관

—

 고려호텔 옆에 위치하고 있는 우표박물관은 2012년 개관하였다. 북한은 1945년 해방 이후 지금까지 약 70여 년간 총 5,800여 종의 우표를 발행하였다. 박물관에는 조선왕조 시절 1884년 11월 우정총국이 업무를 시작하면서 발행한 2종의 문위우표를 시작으로 다양한 우표를 전시하고 있었다.

 북한의 우표 종류는 역사·자연·지리 등 그 주제들이 매우 다양했다. 또한 한쪽에서는 우표들을 살 수 있도록 배치되어 있었는데, 나는 지난 30년간 발행해 온 우표들을 무작위로 모아 놓은 조선우표집을 구입하였다.

 또한 직원만 허락하는 공간에는 더 오래되고 귀한 우표들이 있었는데, 보고 싶다고 요청하면 친절하게 보여 준다. 내가 본 것 중에 하나는 한 장에 60만 원이 넘는 것도 있었다.

우표박물관 데스크

우표박물관 전경

우표박물관 출판물 판매진열대 1

우표박물관 출판물 판매진열대 2

우표박물관을 견학하는 외국인들

우표박물관의 모습 1

우표박물관의 모습 2

우표박물관의 모습 3

우표박물관의 모습 4

우표박물관의 모습 5

우표박물관의 모습 6

북한을 소개합니다

## 조선우표

북한의 우표는 수집가들에게 인기가 많다.

광복 다음 해인 1946년 3월 12일 '무궁화'와 '삼선암' 2종의

첫 우표 발행을 계기로 우표 발행기관인 조선우표사가 설립됐다.

우표사에서는 평양미술대학을 졸업한 인재들이 다양한 우표를 창작하고 있다.

1950년 6·25전쟁 발발 이전까지 17종의 우표, 전쟁 기간 27종 우표가

각각 발행되었는데, 이때 발행된 우표는 매우 귀하다고 한다.

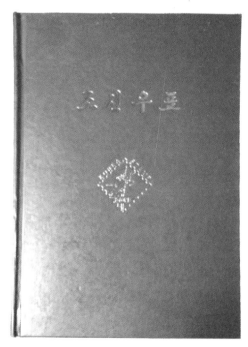

조선우표집

특색있는 조선우표들 (1)

특색있는 조선우표들 (2)

1970년대 들어와서 인쇄기술의 향상과 종류의 다양화를 도모하였다.

1990년과 1991년에는 이탈리아 라치오네 국제우표시장에

'금강산의 집선봉', '등꽃과 강아지'를 출품하여 특별권위상을 받았고,

1992년 프랑스 우표전에는 남극탐험 우표를 출판하여

아시아선수권을 쟁취하는 등 호평을 받았다.

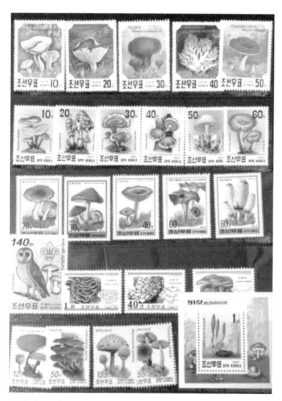

특색있는 조선우표들 (3)

특색있는 조선우표들 (4)

조선우표들 (5)

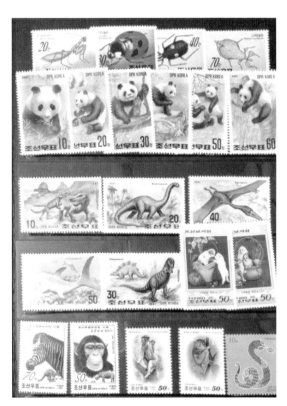

특색있는 조선우표들 (6)

# 모란봉의 가을

—

날씨가 선선한 가운데 모란봉의 풍치는 절정을 이룬 것 같아 보였다.
단풍이 짙게 들고 낙엽도 소복이 쌓이기 시작했다.

모란봉의 가을길 1

모란봉의 가을길 2

모란봉 길가에 낙엽진 나뭇가지에 앉아있는 까치

모란봉 잔디위의 한 표지판

모란봉의 어느 담벼락 위의 청소(청솔모)

모란봉의 을밀대 가는길

모란봉의 을밀대 밑에 있는 단풍나무

모란봉의 한 통나무 휴식터 입구

모란봉의 한 통나무 휴식터

모란봉 을밀대에서 내려다본 전경 1

모란봉 을밀대에서 내려다본 전경 2

# 평양문화전시관

—

　1998년 9월에 개관한 평양문화전시관은 쉽게 말해서 평양 시민들의 문화에 대해서 알 수 있는 공간이다. 따라서 전시관에는 도서 · 사진 · 회화 · 공예품들이 전시되어 있고, 구매도 가능하다. 주로 북한을 방문하는 해외동포들과 대사관, 국제기구대표부 성원들이 전시관을 참관한다고 한다.

　특히 전시관 한 벽면에 있는 커다란 화폭이 인상적이었는데, 소나무와 참매가 그려져 있었다. 참고로 참매는 북한의 국조(國鳥)이고 소나무는 북한의 국수(國樹)이다.

평양문화전시관 전경

평양문화전시관에 전시되어 있는 소나무와 참매 화폭

평양문화전시관의 다양한 출판물들 1

평양문화전시관의 다양한 출판물들 2

평양문화전시관의 다양한 출판물들 3

평양문화전시관의 다양한 출판물들 4

평양문화전시관의 다양한 출판물들 5

평양문화전시관의 다양한 출판물들 6

평양문화전시관의 다양한 출판물들 7

평양문화전시관의 다양한 출판물들 8

평양문화전시관의 다양한 출판물들 9

평양문화전시관의 다양한 출판물들 10

평양문화전시관의 다양한 출판물들 11

평양문화전시관의 다양한 출판물들 12

평양문화전시관의 다양한 출판물들 13

평양문화전시관의 다양한 출판물들 14

평양문화전시관의 다양한 출판물들 15

# 신흥정보기술교류소

—

 신흥정보기술교류소는 다양한 정보통신제품들을 판매하는 곳이다. 이곳에 가면 판형콤퓨터(테블릿 PC), CCTV카메라, 태양빛전지판, 마우스, 키보드 등의 제품을 구입할 수 있다. 앞서 소개하였던 판형 콤퓨터 삼지연은 바로 이곳에서 구입한 제품이다.

 흥미로운 점은 우리가 구글플레이나, 앱스토어 등에서 필요한 어플리케이션을 다운받는 것과 달리 북한에서는 정보기술교류소에 비치된 어플리케이션 목록을 보고 필요한 어플리케이션을 선택하여 구매한 후에 그 자리에서 콘텐츠를 다운받는다는 점이다. 그리고 이 에 대해 '태운다'라는 표현을 썼다. 어플리케이션의 종류는 도서·게임· 어학·건강 등 수백여 가지에 달했다.

신흥정보기술교류소 건물

신흥정보기술교류소에서 판매되는 태양빛전지판(태양열발전)

신흥정보기술교류소의 판매진열대 1

신흥정보기술교류소의 판매진열대 2

어플리케이션 컨텐츠 목록

신흥정보기술교류소의 판매진열대 3

신흥정보기술교류소의 판매진열대 4

신흥정보기술교류소의 판매진열대 5

신흥정보기술교류소의 판매진열대 6

신흥정보기술교류소의 판매진열대 7

# 삼지연 앱 소개

삼지연에는 기본 32종의 어플리케이션이 깔려있다.

어플리케이션 종류는 게임 · 교과서 · 사전 · 인터넷 등 다양하다.

중요한 점은 모든 어플리케이션이 자체 콘텐츠를 가진

자체 개발 어플리케이션이라는 점이다.

내가 특히 재미있게 했던 게임은 디펜스 게임인

'방어전'이라는 게임이었다.

삼지연의 교육도서 어플리케이션 구동화면 2

삼지연의 방어전 게임 어플리케이션 구...

삼지연의 교육도서 어플리케이션 구동화면 1

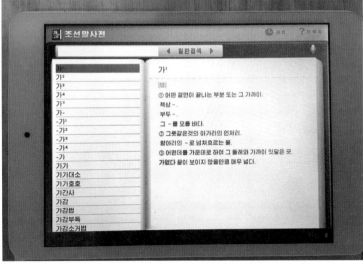

삼지연의 조선말사전 어플리케이션 구동화면

# 해방산 호텔 카페

—

해방산 호텔 꼭대기 층에는 경치가 괜찮은 작은 카페가 있다. 술과 음료 등이 주요 판매 품목이나 식사 메뉴를 주문하면 아래층에서 배달을 해 주기도 한다. 북한에서는 종업원들을 보통 '접대원'이라고 하기 때문에 손님들이 "접대원 동무"라고 종업원들을 부르는 것을 종종 들을 수 있다.

커피 맛도 수준급이고, 얼굴을 익히다 보면 이런저런 농담도 할 만큼 친절하다. 보통 이러한 '접대원'들은 직업학교와 같은 곳에서 전문적인 교육을 받는다고 한다. 실제로 카페에 있다 보면 중국인이나 러시아 손님들이 찾아오곤 했는데, 그들과 막힘없는 대화를 나누는 모습을 보곤 했다. 제일 잘나가는 주류는 역시 '대동강 맥주'라고 한다.

포즈를 잡는 해방산호텔 까페의 접대원

평양시내가 내려다보이는 해방산호텔 까페의 자리

커피를 타는 해방산호텔 접대원

해방산호텔 까페 메뉴

해방산호텔 까페 모습

# 평양제1백화점

—

　북한 최대의 국영백화점인 평양제1백화점은 리모델링 등으로 아직 전 층이 개방되지는 않았으나 굉장히 많은 사람들로 붐볐다. 평양제1백화점 앞에는 널따란 광장이 있는데, 택시들이 줄지어 대기를 하고 있는 모습이 굉장히 인상적이었다.

평양제1백화점 전경

평양제1백화점 앞 광장 1

평양제1백화점 앞 광장 2

평양제1백화점 앞 광장 3

평양제1백화점 앞의 시민들 1

평양제1백화점 앞의 시민들 2

평양제1백화점 앞의 시민들 3

# 고려링크

―

　북한의 휴대전화 가입자 수는 약 300만 명으로 알려져 있다. 보편적 이동통신서비스가 등장하지 얼마 되지 않은 상황에서 굉장한 숫자이다. 길거리를 거닐다 보면 휴대전화를 통해서 전화를 하거나 문자메세지 등을 보내는 시민들을 쉽게 찾아볼 수 있다.

　또한 고려링크에 가면 다양한 손전화(휴대전화)를 구매할 수 있다. 창구마다 상담을 하는 손님들로 가득 차 있었다. 휴대전화는 모델별로 가격대가 다르다. 피처폰도 있었고 스마트폰도 있었다. 일반적인 모델로는 평양 2407, 평양 2408, 평양 2409 순으로 최신모델이 나오는데, 평양 2409의 경우 OS가 안드로이드 기반이며 미화 약184달러 정도로 스마트폰 치고는 가격대가 저렴하다.

손전화(핸드폰) V886

고려링크의 다양한 손전화(핸드폰) 모델들

손전화(핸드폰) 평양 1103

손전화(핸드폰) 평양 1105

손전화(핸드폰) 평양 2408

손전화(핸드폰) 평양 2409

## 북한의 손전화 (휴대전화) 서비스의 시초

북한은 1984년 9월 8일 '합작 회사 운영법 (합영법)'을 제정함으로써
외국의 자본과 기술이 들어올 수 있는 근거를 마련하였다.
그로부터 약 10년 뒤인 1995년, 북한의 조선체신회사는
태국의 록슬리 그룹의 자회사인 록슬리 퍼시픽(Loxley Pacific)과 함께
동북아 전화통신회사(NEAT&T, North East Asia Telephone and
Telecommunication Company)를 설립하여
이동통신사업을 진행하였다.
당시 계약 규모는 자본금 2,800만 달러 (태국 록슬리 퍼시픽 70%,
북한 조선체신회사 30%)로, 30년간 통신사업 독점권까지 있는 파격적인
계약이었다. 대한무역투자진흥공사(KOTRA)에 따르면 2000년에
이미 록슬리 퍼시픽은 1,400만 달러를 집행하였다.
그리고 1998년 7월 20일 나진 · 선봉(나선특별시)지역에 최초로
휴대전화망 500회선이 설치되었다. 흥미로운 점은 남한 역시 1998년에
휴대전화 가입자는 784대에 불과했다는 점이다.
물론 10년 뒤인 1998년에 4,737,000대로 6,000배
가까이 늘었긴 했지만 말이다.
어쨌든 이 최초의 공식서비스는 2G 시스템의 이동통신서비스로
유럽식의 GSM(Global System for Mobile communications)을
택하였다. 현재 북한은 3G 이동통신서비스를 하고 있으며 휴대전화
가입자 수는 약 300만여 명으로 추산되고 있다.

고려링크 서비스센터

—

　평양 시내는 몇 번 왔다 갔다 해 보면 눈에 띄는 건축물들이 보이는데, 그중 하나가 바로 인민대학습당이다. 인민대학습당은 1982년 들어선 건물로, 평양 시민이면 누구나 와서 공부할 수 있다고 한다. 사진을 찍을 즈음에 이곳에서 하교하는 학생들을 볼 수 있었는데, 학생들의 걸음이 경쾌하고 가벼웠다.

인민대학습당 앞을 지나는 시민들

인민대학습당 전경

카메라를 보고 활짝웃는 어린이

쌀쌀한 가을날씨에 차려입은 학생

꽃매대를 지나는 학생들 1

꽃매대를 지나는 학생들 2

인민대학습당 앞 시민들의 모습

인민대학습당 앞으로 하교하는 학생들 1

인민대학습당 앞으로 하교하는 학생들 2

인민대학습당 앞으로 하교하는 학생들 3

# 주체사상탑

—

    1982년에 세워진 주체사상탑은 김일성광장과 마주 보이는 곳에 위치하고 있다. 총 높이 170m에 이르는 탑의 앞뒤 면에는 '주체'라는 단어가 새겨져 있고, 탑 꼭대기에는 20m 높이의 봉화가 있다. 탑을 중심으로 노동자 · 농민 · 지식인을 형상한 3인군상이 있다.

주체사상탑 건너편으로 보이는 대동강과 무지개호

바로 앞에서 올려다본 주체사상탑

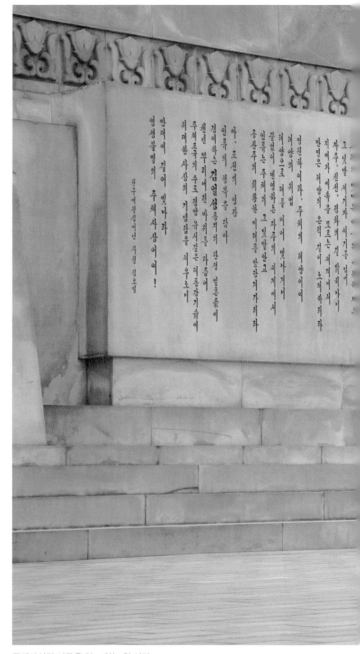

그 빛발 세기와 세기를 넘어
자주·친선·평화의 길 밝히나니
지배와 예속을 모르는 세계에서
반만은 혜양의 은덕 길이 노래하리라

혜양의 위업 · 주체의 혜양이여
처양으로 깨물 이어 빛나거러
끌없는 주체의 시대에서
공산주의 위황한 미래를 앞당겨 가리라

아· 조선의 영광
인류의 행복을 안아
경애하는 김일성동지의 탄생 일흔돐을 맞아
천만 부리게 된 바위를 다듬어
주체조국의 수도 평양 유서깊은 대동강 기슭에
위대한 사상의 기념탑을 세우노니

만대에 길이 빛나라 주체사상이여!

주체력 칠삼이년 사월 십오일

주체사상탑 비문을 읽고 있는 한 시민

주체사상탑 앞 대동강 전경

주체사상탑 앞 정돈된 공원

주체사상탑 앞을 지나가는 차량들

주체사상탑 앞을 지나는 시민들 1

주체사상탑 앞을 지나는 시민들 2

주체사상탑 전경

주체사상탑 앞을 지나는 시민들 3

주체사상탑에서 바라본 창전거리 전경

# 평화자동차

—

평화자동차는 북한의 자동차 생산 및 판매 기업이다. 통일교의 투자로 북한과 합작으로 만들어진 회사로, 피아트에서 라이선스 받은 소형차, 중국에서 라이선스 받은 픽업트럭과 SUV를 조립 판매한다. 평양시에는 자동차를 전시 및 판매하는 딜러샵이 있고 부속품상점도 있다. 일반 승용차와 SUV의 가격대는 약 1,500~2,500만 원선이다.

평화자동차 매장 건물전경

평화자동차 매장 안내데스크

평화자동차 매장 팜플렛 비치대

북한을 소개합니다

## 평화자동차 모델들

평화자동차는 다양한 라인업을 가지고 있다.

몇 가지만 소개해 보면 다음과 같다.

뻐꾸기 2013

뻐꾸기 2013 제원

준마 2008

준마 2008 기술적특성 (Specification)

| No. | 항목 (Item) | 단위 (Unit) | 특성 (Specification) | No. | 항목 (Item) | 단위 (Unit) | 특성 (Specification) |
|---|---|---|---|---|---|---|---|
| 1 | 길이×너비×높이 (L×W×H) | mm | 4 865×1 820×1 475 | 10 | 기관형식 (Engine model) | | CGM |
| 2 | 축간거리 (Wheel base) | mm | 2 812 | 11 | 기동형식 (Engine type) | | 서렬4기통 |
| 3 | 최저지상고 (Ground clearance) | mm | 114 | 12 | 기통용적 (Displacement) | L | 2.0 |
| 4 | 빈차질량 (Kerb weight) | kg | 1 550 | 13 | 구동형식 (Drive type) | | 앞기관앞구동 (4×2) |
| 5 | 총질량 (Gross weight) | kg | 2 000 | 14 | 변속기형식 (Transmission type) | | 자동 (Automatic) |
| 6 | 최대속도 (Max speed) | km/h | 215 | 15 | 앞바퀴현가 (Front suspension type) | | 독립식 (Independent) |
| 7 | 최대출력 (Max power) | kW (HP) | 118 (162) | 16 | 뒤바퀴현가 (Rear suspension type) | | 독립식 (Independent) |
| 8 | 승차인원 (Passenger capacity) | 명 | 5 | 17 | 제동형식 (Brake type F/R) | | 원반식/원반식 (Disc / Disc) |
| 9 | 연료소비량 (Fuel consumption) | g/km | 80 | 18 | 바이고금속 (Tire size) | | 215/55R16 |

판매 장 소: 평화자동차회사 판매과-평양시 만경대구역 축전2동
부속품상점: 평화자동차기술교류소-평양시 평천구역 정평동
　　　　　평화자동차평화부속품상점-평양시 만경대구역 축전2동
　　　　　평화자동차종합봉사소-남포시 항구구역 후사동
전화번호: 02-761-5234
전화번호: 02-436-0064, 02-436-0445
전화번호: 02-761-1626
전화번호: 039-46-1662
7 - 588292

준마 2008 제원

창전 1703

창전 1703 기술적특성 (Specification)

| No. | 항목 (Item) | 단위 (Unit) | 특성 (Specification) | No. | 항목 (Item) | 단위 (Unit) | 특성 (Specification) |
|---|---|---|---|---|---|---|---|
| 1 | 길이×너비×높이 (L×W×H) | mm | 5 990×1 880×2 320 | 11 | 기통형식 (Engine type) | | 직렬4기통 |
| 2 | 축간거리 (Wheel base) | mm | 3 730 | 12 | 기통용적 (Displacement) | L | 2.4 |
| 3 | 최저지상고 (Ground clearance) | mm | 200 | 13 | 사용연료 (Gasoline) | | 휘발유 (Gasoline) |
| 4 | 빈차질량 (Kerb weight) | kg | 2 500 | 14 | 연료탱크용량 (Fuel tank) | | 70 |
| 5 | 총질량 (Gross weight) | kg | 3 910 | 15 | 변속기형식 (Transmission type) | | 수동5단 (5MT) |
| 6 | 최대속도 (Max speed) | km/h | 130 | 16 | 앞바퀴현가 (Front suspension type) | | 독립식 (Independent) |
| 7 | 최대출력 (Max power) | kW (HP) | 110 (145) | 17 | 뒤바퀴현가 (Rear suspension type) | | 차축현가 (Rigid axle) |
| 8 | 좌석인원 (Riding capacity) | | 17 | 18 | 앞제동형식 (Front brake type) | | 원반식 (Disc) |
| 9 | 연료소비량 (Fuel consumption) | g/km | 95 | 19 | 뒤제동형식 (Rear brake type) | | 원통식 (Drum) |
| 10 | 구동형식 (Drive type) | | 앞기관뒤구동 (4×2) | 20 | 바이고금속 (Tire size) | | 215/75R16C |

판매 장 소: 평화자동차회사 판매과-평양시 만경대구역 축전2동
부속품상점: 평화자동차기술교류소-평양시 평천구역 정평동
　　　　　평화자동차평화부속품상점-평양시 만경대구역 축전2동
　　　　　평화자동차종합봉사소-남포시 항구구역 후사동
전화번호: 02-761-5234
전화번호: 02-436-0064, 02-436-0445
전화번호: 02-761-1626
전화번호: 039-46-1662
7 - 588287

창전 1703 제원

휘파람 1613

휘파람 1613 기술적특성 (Specification)

| No. | 항목 (Item) | 단위 (Unit) | 특성 (Specification) | No. | 항목 (Item) | 단위 (Unit) | 특성 (Specification) |
|---|---|---|---|---|---|---|---|
| 1 | 길이×너비×높이 (L×W×H) | mm | 4 487×1 708×1 470 | 9 | 구동형식 (Drive type) | | 앞기관앞구동 (4×2) |
| 2 | 최저지상고 (Ground clearance) | mm | 128 | 10 | 기동형식 (Engine type) | | 직렬4기통 |
| 3 | 빈차질량 (Kerb weight) | kg | 1 120 | 11 | 기통용적 (Displacement) | L | 1.6 |
| 4 | 총질량 (Gross Weight) | kg | 1 600 | 12 | 연료소비량 (Fuel consumption) | g/km | 60 |
| 5 | 최대출력 (Max power) | kW (HP) | 81 (110) | 13 | 연료탱크 (Fuel tank) | L | 55 |
| 6 | 최대속도 (Max speed) | km/h | 185 | 14 | 변속기형식 (Transmission type) | | 수동5단 (5MT) |
| 7 | 승차인원 (Seating capacity) | 명 | 5 | 15 | 제동형식 (Brake type F/R) | | 원반식/원통식 (Disc / Disc) |
| 8 | 기관형식 (Engine model) | | CPD | 16 | 바이고금속 (Tire size) | | 185/60R15 |

판매 장 소: 평화자동차회사 판매과-평양시 만경대구역 축전2동
부속품상점: 평화자동차기술교류소-평양시 평천구역 정평동
　　　　　평화자동차평화부속품상점-평양시 만경대구역 축전2동
　　　　　평화자동차종합봉사소-남포시 항구구역 후사동
전화번호: 02-761-5234
전화번호: 02-436-0064, 02-436-0445
전화번호: 02-761-1626
전화번호: 039-46-1662
7 - 588283

휘파람 1613 제원

# 김일성광장의 야경

―

    앞서 언급했듯이 평양의 건축물들은 크고 웅장한 것이 그 특징이다. 그리고 야경의 운치 역시 빼놓을 수 없다. 김일성광장에서 둘러보면 화려하게 수놓아진 야경과 대동강 건너편의 주체사상탑의 야경까지 한눈에 볼 수 있다.

김일성 광장에서 둘러본 평양의 야경 1

김일성 광장에서 둘러본 평양의 야경 2

김일성 광장에서 둘러본 평양의 야경 3

김일성 광장에서 둘러본 평양의 야경 4

김일성 광장에서 둘러본 평양의 야경 5

김일성 광장에서 둘러본 평양의 야경 6

김일성 광장에서 둘러본 평양의 야경 7

# 새벽녘 풍경

—

    가을이 완전히 무르익어 꽤 쌀쌀해진 새벽녘에도 여느 때와 다름없이 평양의 시민들은 부지런했다. 대동강변으로 산책을 나온 사람, 낚시를 하는 사람, 출근을 하는 사람 여느 도시의 아침 풍경과 다를 바 없었다.

새벽녘 도로가

대동교 아래에서

새벽녘 대동교

새벽녘 대동강변 1

새벽녘 대동강변 2

새벽녘 대동강변 3

새벽녘 대동강변 4

새벽녘 대동강변 5

새벽녘 대동강변 6

새벽녘 대동강변 7

새벽녘 시내길가 1                                                                      새벽녘 시내길가 2

새벽녘 시내길가 3

새벽녘 시내길가 4

새벽녘 시내길가 5

새벽녘 시내길가 6

새벽녘 시내길가 7

안개가 자욱한 대동교와 놀이배

# 평양역 그리고 여정의 끝

—

　평양에서 중국으로 나갈 때 항공편이 빠르긴 하지만, 가장 저렴하게 나갈 수 있는 방편은 기차편을 통하는 길이다. 수 시간을 기차를 타고 압록강 철교를 건너면 비로소 단둥이 나온다. 비록 중국 땅이긴 하지만, 북한이 강 건너 보이고 북한 식당을 찾아갈 수 있어 북녘의 향취를 느낄 수 있는 곳이다.

　평양의 거리를 걷다 보면 이따금씩 사람들이 나를 흘깃거리며 쳐다보는 시선을 느낄 수 있었다. 특히나 카메라를 들고 다닐 때에는 쳐다보는 시선이 더욱 노골적으로 집중되곤 했다. 내가 느끼기에는 약간의 불쾌감이 어린 시선 같았다. 단순히 카메라에 대한 부담감은 아닌 것 같았다. 이곳저곳에서 서로 웃는 표정으로 서로 사진을 찍어 주는 평양 시민들의 모습을 어렵지 않게 볼 수 있었기 때문이다.

　그래서 나는 안내원과 운전기사에게 이런 연유를 물어보았다. 그들의 답은 외부인들이 북한에 들어와 사진이나 동영상을 찍어 가는 데 악의적으로 편집하는 경우가 많다는 것이다. 예를 들면 언제나 사람들의 웃음기 없는 경직된 모습, 전쟁에만 집중하는 군대의 모습 그리고 가난한 사람들의 모습 등이 그러하다. 따라서 평양 시민들은 나의 옷차림으로 말미암아 내가 외부인이라는 사실을 알 수 있고, 더군다나 카메라까지 들고 있을 때에는 혹시나 자신들의 나쁜 모습을 찍어가려는 외부인이 아닌지 염려하는 것이다.

실제로 인터넷을 보면 어마어마한 양의 북한 사진과 동영상 자료들을 볼 수 있다. 그러나 사람들이 많이 찾아보는 사진과 동영상들은 우리가 북한을 어떻게 인식하고 있는지 극명하게 보여 준다. 그리고 사람들은 관심을 받기 위해서 악의적인 편집을 하곤 한다.

이러한 세태는 심각한 문제이다. 남과 북이 오랜 단절 기간 동안 이질화되었고 다른 삶의 양식을 가지게 된 것은 매우 진지한 현실이다. 따라서 우리에게는 북한을 보고 미래를 생각할 때 객관적인 자세가 요구되고, 상대방의 입장에서 생각해 보는 물음표를 가져야 할 필요가 있다.

안내원과 운전기사의 말을 들은 이후로 사진을 찍는 것이 많이 부담스럽기도 했고 미안하기도 했다. 이러한 상황에서 나는 있는 그대로의 모습을 담아 가려고 노력했다. 북한을 정확하게 이해하는 것이 통일의 지름길이라는 나의 취지가 잘 전달되었기를 바란다.

평양역에서 단동으로 가는 열차표

평양역 입구

평양역의 기차안

압록강 철교에서

압록강 철교의 야경

중국에 있는 북한 식당

중국에서 바라보는 압록강변의 야경

북한을 소개합니다

## 햄버거가게

평양 시내의 대학가에는 햄버거 전문을 위주로 하는 식당이 있다.

햄버거의 맛은 역시 전 세계 공통이다.

식당에는 젊은 청년들이 옹기종기 앉아서 식사를 하고 있었다.

이 식당은 햄버거 말고도 스파게티와 빵 등 다양한 양식을

메뉴로 선보이고 있었다.

햄버거 전문점 전경

햄버거 전문점 메뉴

스파게티

햄버거 세트

서빙을 하는 종업원

# 최초의 통일관련 크라우드 펀딩 소개

우리의 소원인 통일, 통일에 대한 관심은 언젠가부터 자연스럽게 통일비용에 대한 논의를 일으켰다. 통일비용이란 통일로 인해 부담해야 할 모든 경제, 비경제적 비용을 말한다. 이 통일비용에 대해서 남한의 국회예산정책처는 45년간 매 10년 평균 2,300조원이, 남한의 통일연구원은 통일 직후 20년간 3,440조원이 필요하다고 말한다. 실제 독일의 경우 서독이 20년 동안 3,000조원의 비용 부담을 하였고 현재도 지속되고 있다. 통일비용은 일시적이고 통일편익은 훨씬 크고 영구적이라고 하지만 2016년 남한의 한해 예산이 386조원임을 상기시켜볼 때 수 천조에 해당하는 비용은 제대로 준비하지 않는다면 엄청난 재앙으로 다가 올 수 있다.

이러한 상황에서 남한에서는 각종 통일 기금들이 생겨나기 시작했다. 그 중에서도 남한의 통일부가 추진했던 '통일항아리'가 대표적이다. 이 '통일항아리'는 '준비한 통일은 축복입니다.'라는 구호아래 당시 이명박 대통령이 월급을 전액 기부하는 등 대대적인 캠페인을 벌였지만 겨우 몇 년이 지난 지금 '통일항아리'를 기억하는 이는 별로 없다. 왜 그럴까? 바로 주체 측의 모금홍보만 있었을 뿐 구체화된 계획이 없고 후원자들은 자신이 후원한 금액이 언제 어디에 쓰일지 모르기 때문에 자연스럽게 관심도와 참여도가 줄어들게 된 것이다.

# For Peaceful Korea

### i UNIFICATION

'내가 만드는 통일' 이라는 뜻이 담긴
세계최초의 통일 관련 Crowd Funding 기업입니다.

전 세계에는 북한에 후원과 투자를 하고 싶은 많은 사람들이 있습니다.
i UNIFICATION 은 여러분들의 후원과 투자의지를
구체적이고 안정적으로 실행할 수 있는 플랫폼 기업입니다.

우리의 관심이 끊임없이 이어질 때,
통일이 한 발짝 더 다가올 것임을 믿습니다.
i UNIFICATION이 그 길에 함께 가겠습니다.

세계 최초 통일 관련 크라우드 펀딩을 소개합니다

여기 대안이 하나 있다. iUNIFICATION이라는 최초의 통일 관련 크라우드 펀딩 플랫폼이다, 'i'는 나를 뜻하고 'Unification'은 통일 뜻하여 '내가 만드는 통일'이라는 의미를 가지고 있다. 이 최초의 통일 크라우드 펀딩 플랫폼은 통일 및 북한과 관련된 개별적인 주제로 프로젝트를 등록하여 후원자가 원하는 프로젝트를 선택하여 재량껏 후원할 수 있고 모금 즉시 해당 프로젝트를 실행시킬 수 있는 특징을 가지고 있다. 따라서 기존의 통일모금 방식과 다른 새로운 해법을 제시하고 다양한 프로젝트를 통한 교류활동으로 통일비용 감소에도 도움을 줄 수 있다는 확신을 가지고 있다.

iUNIFICATION은 신뢰를 위해서 모금 성공 후 프로젝트를 어떻게 투명하게 진행하였는지 후원자들에게 다시 알려주는 일을 가장 중점에 두고 있다. 여러분들께서 한반도 평화통일에 대해서 관심을 갖고 기여할 방법을 찾고 계신다면 iUNIFICATION이 훌륭한 창구가 될 수 있다고 생각한다. 많은 참여와 후원을 부탁드린다.